棉花的故事

为什么我们需要“转基因”

吴潇 廖丹凤 檀覃 著

上海科学技术出版社

图书在版编目（CIP）数据

棉花的故事 / 吴潇，廖丹凤，檀覃著. -- 上海 ：
上海科学技术出版社，2022.12
（为什么我们需要“转基因”）
ISBN 978-7-5478-5948-3

Ⅰ. ①棉… Ⅱ. ①吴… ②廖… ③檀… Ⅲ. ①转基因植物－棉花－少儿读物 Ⅳ. ①S562-49

中国版本图书馆CIP数据核字(2022)第204251号

棉花的故事
吴 潇 廖丹凤 檀 覃 著

上海世纪出版（集团）有限公司
上 海 科 学 技 术 出 版 社 出版、发行
（上海市闵行区号景路 159 弄 A 座 9F-10F）
邮政编码 201101 www.sstp.cn
常熟市华顺印刷有限公司印刷
开本 787×1092 1/16 印张 7.5
字数 120 千字
2022 年 12 月第 1 版 2023 年 9 月第 2 次印刷
ISBN 978-7-5478-5948-3/S·246
定价：48.00 元

序一

植物驯化与改良成就了人类文明

遥想在狩猎采集时代，当原始人类漫步在丛林中采摘野果充饥时，他们绝不会想到，手中这些野生植物的茎、叶、果实，会在后世衍生出那么多的故事。反之，当现代人忙碌穿梭在清晨拥挤的地铁和公交之间时，他们也不会想到，手中紧握的早餐，却封藏着前世的那么多秘密。你难道不对这些植物的故事感兴趣吗？

从原始的狩猎采集到现代的辉煌，这是一段极其漫长的时光，但是在宇宙运行的轨迹中，这仅仅是短暂的一瞬。在如此短暂的瞬间，竟然产生了伟大的人类文明和众多的故事，这不能不说是一个奇迹。但这些奇迹却由一些不起眼的野生植物和它们的驯化与改良过程引起，这就是我们不知道的秘密。

最初，世间没有栽培的农作物，但是在人类不经意的驯化和改良过程中，散落在自然中的野生植物就逐渐演变成了栽培的农作物，而且还成就了人类的发展和文明，产生了许多故事。你能想象，一小队不断迁徙、疲于奔命，永远在追赶和狩猎野生动物、寻找食物的人群，能够发展成今天具有如此庞大规模的人类和现代文明吗？而另一群人，能够开启大脑的智慧，驯化和改良植物，定居下来、守候丰收、不断壮大队伍，有了思想和剩余物质和财富的人类，一定能够走进文明。

因此，植物驯化是人类开启文明大门的里程碑，栽培植物的不断改良是人类发展和文明的催化剂。

植物驯化和改良为人类提供了食物的多样性和丰富营养，包括主粮、油料、蔬菜、水果、调味品，以及能为人类抵风御寒和遮羞的衣物。这些栽培农作物的背后有着许多有趣的科学故事，而且每一种农作物都有属于自己的故事。但这些有趣的科学故事，不一定为大众所熟知。就像农作物的祖先是谁？它们来自何方？属于哪一个家族？不同农作物都有何用途？如何在改良和育种的过程中把农作物培育得更加强大？经过遗传工程改良的农作物是否会存在一定安全隐患？

这些问题，既令人兴奋又让人感到困惑。然而，你都可以在这一套“为什么我们需要转基因”系列丛书的故事中找到答案。

从书中介绍的玉米是世界重要的主粮作物，也是最成功得到驯化和遗传改良的农作物之一，它与水稻、小麦、马铃薯共同登上了全球 4 种最重要的粮食作物榜单。玉米的起源地是在中美洲的墨西哥一带，但是现在它已经广泛种植于世界各地，肩负起了缓解世界粮食安全挑战的重担。

大豆和油菜不仅是世界重要的油料作物，而且榨过油的大豆粕和油菜籽饼也大量作为家畜的饲料。在中国，大豆和油菜更是作为重要的蔬菜来源，我们所耳熟能详的美味菜肴，如糟香毛豆、黄豆芽、各类豆腐制品、爆炒油菜心和白灼菜心等，都是大豆和油菜的杰作。

番木瓜具有“水果之王”和“万寿果”之美誉，是大众喜爱的热带水果植物。一听这个带“番”字的植物，就知道它是一个外来户和稀罕的物种，资料证明，番木瓜的老家是在中美洲的墨西哥南部及附近地域。番木瓜不仅香甜可口，还具有保健食品排行榜“第一水果”的美誉。此外，番木瓜还可以作为蔬菜，在东南亚国家，例如泰国、柬埔寨和菲律宾等，一盘可口清爽的“凉拌青木瓜丝”真能让人馋得流口水。

棉花也是一个与现代人类密切相关的农作物。在我们绝大多数地球人的身上，肯定都有至少一件棉花制品。棉花原产于印度等地，在棉花引入中国之前，中国仅有丝绸（富人的穿戴）和麻布（穷人的布衣）。棉花引入中国后，极大丰富了中国人的衣料，当年棉花被称为“白叠子”，因为有记载表示：“其地有草，实如茧，茧中丝如细纩，名为白叠子。”现在，中国是棉花生产和消费的大国，中国的转基因抗虫棉花研发和商品化种植，在世界上也是名噪一时。

随着全球人口的不断增长，耕地面积的逐渐下降，以及我们面临全球气候变化的严峻挑战，世界范围内的粮食安全问题越来越突出，人类对高产、优质、抗病虫、抗逆境的农作物品种需求也越来越大。这就要求人类不断寻求和利用高新科学技术，并挖掘优异的基因资源，对农作物品种进一步升级、改良和培育，创造出更多、更好的农作物品种，并保证这些新一代的农作物产品能够安全并可持续地被人类利用。

如何才能解决上述这些问题？如何才能达到上述的目标？相信，读完这五本“为什么我们需要转基因”系列丛书中的小故事以后，你会找到答案，还会揭开一些不为人知的秘密。

民以食为天，掌握了改良农作物的新方法和新技术，我们的生活就会变得更美好。祝你阅读愉快！

复旦大学特聘教授
复旦大学希德书院院长
中国国家生物安全委员会委员

2022 年 11 月 30 日夜，于上海

序二

本书主题“为什么我们需要转基因——大豆、玉米、油菜、棉花、番木瓜”是一个很多人关心，很多专业人士都以报告、科普讲座等从不同角度做过阐释，但仍感觉是尘埃尚未落定的话题。作者所选的大豆、玉米、油菜、棉花、番木瓜等既是国内外转基因技术领域现有的代表性物种，也是攸关百姓生活的作物。作者在展开叙说时用心良苦，这从全书的布局、落笔的轻重和篇章的设计都能体会到。当然这个时候出版“为什么我们需要‘转基因’”系列科普图书或有应和今年底将启动的国家“生物育种重大专项”的考虑。

书名涉及的几个关键词值得咀嚼一番。首先这里的“我们”既泛指中国当下自然生境下生存生活的市井百姓，也是观照到了所有对转基因这一话题感兴趣的人们，包括政策制定者、专业技术人员、媒体人士和所有关注此话题的读者。“需要”则既道出了当下种质资源和种源农业备受关注，强调保障粮食安全和生物安全是国家发展的重大战略需求的时代背景，也表达了作者和所有在这一领域工作的专业技术人员的态度。在具体作物前加上“转基因”这一限定词，直接点出了本套书的指向，就是不避忌讳，对转基因技术应用的几个典型物种作一番剖解。值得一提的是，作者在进入“为什么我们需要转基因——大豆、玉米、油菜、棉花、番木瓜”这些代表性转基因作物这一正题前，先用了不少于全书三分之一的篇幅切入对这些作物的起源、分类、生物学形态、生长特性、营养及用途、种植相关的科学知识，转基因育种的原因、方法和进展，以及相关科学家的贡献做了详尽介绍。如大豆一书在四章中就有两章的篇幅是对大豆身世、大豆的成分与用途、食用方法及相关的趣味性知识性介绍。这样的铺垫把这一大宗作物与读者的关系一下子拉近了许多，在传递知识的同时增加了读者的阅读期待。

而在进入转基因和转基因技术及其作物这些大家关心的章节时，作为部级转基因检测中心专家的作者的叙述和解读是克制、谨慎的，强调了中国积极推进转基因技术研究，但对于转基因技术应用持谨慎态度的立场和政策，这从目前国内批准、可以种植并进入市场流通的转基因作物只有棉花和番木瓜两种可见一斑。在相关的技术推进、政策制定和检测技术、对经过批准的国外进口转基因原料管理的把关等都有严格的管理和规范。作者在把这一切作为前提一一点到澄清的同时，分析了国内外的转基因技术发展的态势、转基因技术的本质，并对广大市民关心的诸如：转基因大豆安全吗？中国为什么要进口转基因大豆？转基因玉米的安全性问题？转基因食用安全的评价？转基因食品和非转基因食品哪个更好？转基因番木瓜是否安全等问题一一作了回应。

坦诚地讲，作者这种敢于直面敏感话题的勇气令人钦佩、把不易表述清楚的专业事实作了尽可能通俗易懂解读的能力值得点赞！但是感佩的同时还是有一点不满足，就是转基因技术的价值，加强转基因技术研究之于 14 亿人口、耕种地极为有限的中国的重要性的强调力度仍显不够。当然这或许是圈内人应有的慎重。相信随着更多相关研究的推进，随着人们对转基因技术的作用和价值有了更深入的了解和认知，作者在再版这套书时会给我们带来更多的信息和惊喜。

上海市科普作家协会秘书长　江世亮

目录

棉花的历史

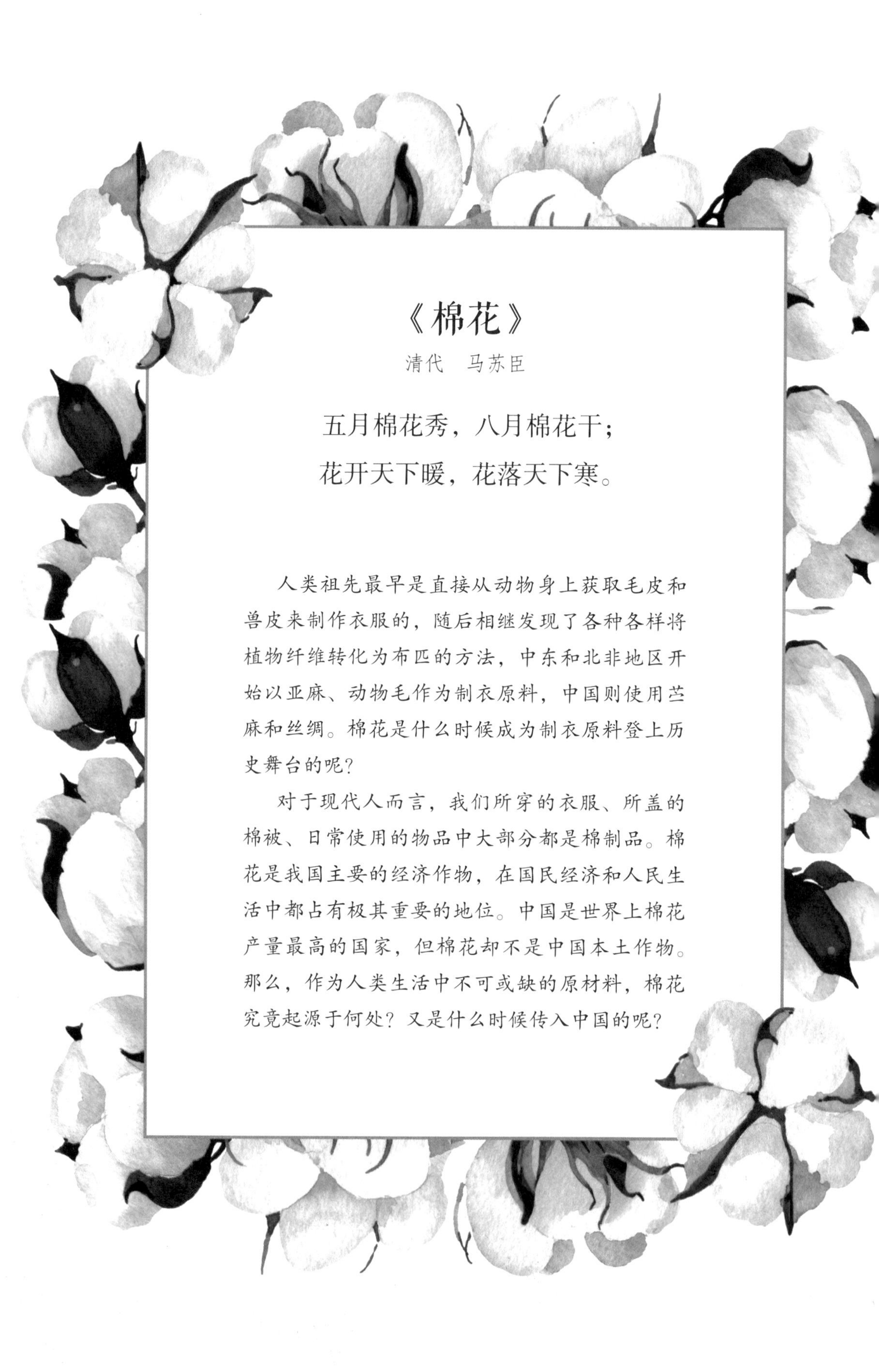

《棉花》

清代　马苏臣

五月棉花秀，八月棉花干；
花开天下暖，花落天下寒。

人类祖先最早是直接从动物身上获取毛皮和兽皮来制作衣服的，随后相继发现了各种各样将植物纤维转化为布匹的方法，中东和北非地区开始以亚麻、动物毛作为制衣原料，中国则使用苎麻和丝绸。棉花是什么时候成为制衣原料登上历史舞台的呢？

对于现代人而言，我们所穿的衣服、所盖的棉被、日常使用的物品中大部分都是棉制品。棉花是我国主要的经济作物，在国民经济和人民生活中都占有极其重要的地位。中国是世界上棉花产量最高的国家，但棉花却不是中国本土作物。那么，作为人类生活中不可或缺的原材料，棉花究竟起源于何处？又是什么时候传入中国的呢？

1. 棉花的诞生地

中国是世界棉花产业的中心，但并不是棉花的起源地。考古学家在印度次大陆发现用棉花纤维纺成的线，大约距今 5 000 年前。但几乎在同一时间，远隔万里的南美秘鲁也发现了棉纺品的存在。因此从现有的考古资料来看，可以说棉花起源于印度次大陆或者秘鲁，但一般都认为印度早于秘鲁。不管棉花究竟最早起源于何处，但印度河谷的农民是最早进行棉花纺织活动的人类。

穿着棉布衣服的人类

在公元前3250年到公元前2750年左右，人类祖先已经可以用棉花生产纺织品了。1929年，考古学家在摩亨朱达罗地区发现了棉纺织品的残片，而秘鲁地区发掘出的棉纺织品残片时间是在公元前2400年至公元前1500之间。考古学家又在梅赫尔格尔地区，发现了公元前5 000多年的棉花种子。除此之外，非洲东部地区也有悠久的棉花种植和加工历史，只不过相比印度次大陆和秘鲁，东非的棉花历史晚了几千年。

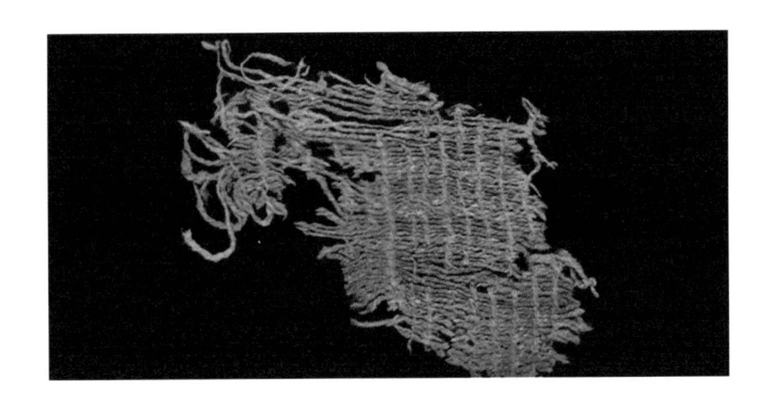

古代棉纺织品的残片

印度河谷的农民是世界上最早使用棉花进行纺织的人类群体，印度也就顺理成章成为棉花产业传播活动的中心。公元前500年，古希腊著名的历史学家希罗多德去印度旅行，他看到印度种棉花的情景，于是记录下来："那里还有一种长在野生树上的毛，这种毛比羊身上的毛还要美丽，质量还要好。印度人穿的衣服便是从这种树上得来的。”与此同时，棉花和棉纺织品被传播到了地中海沿岸一带。在棉花传入欧洲之前，欧洲人是用羊毛进行纺织生产服装等，于是欧洲人把棉花称为“植物中的羔羊”。据说公元 900 年左右，摩尔人将棉花带到了西班牙，公元 1500 年左右才传入英国，之后又从英国传到了美国。棉花的种植和加工技术从印度向东、西和南传播，于是棉花就这样一步步成为全球生产布匹的原材料。

| 拓展知识 |

摩尔人（西班牙语：Moro；英语：Moors），多指中世纪生活在伊比利亚半岛（今西班牙和葡萄牙）、西西里岛、马耳他和西非的穆斯林。

2. 棉花什么时候传入中国

亚洲棉和非洲棉“兵分两路”，分别传入中国。亚洲棉从印度河流域经越南、柬埔寨等地传到中国，随着棉花种植的传播，有关棉花的知识也从印度向东传遍亚洲。

与此同时，非洲棉于公元 3 世纪前后传入我国新疆。1959 年，考古学家在新疆维吾尔自治区民丰县北大沙漠里发现了一处古墓，墓中发现了大量东汉时期的棉纺织物品；在吐鲁番的晋代古墓中也发现了棉织品，织品上带有几何图案，陪葬品中还有一些穿着精致布衣布裤的人俑，通过对墓中炭化棉籽的鉴定分析，证实是非洲棉。

汉代棉质服饰

在秦末汉初时期（公元前200年左右），中国人已经知道了棉花的作用，但是除了西南边疆部分地区外，其他地方并没有将棉织品当成制衣的主要原材料，因此也没有人种植棉花。而且那时的棉花还不叫“棉花”，因为棉花是由印度辗转传入我国的，从梵文转译称之为“织贝”，后来又改名为“吉贝”“白叠”“桐”“橦”，至今云南佤族仍称棉花为“戴”，称白棉布为“白戴”。《尚书·禹贡》中有记录：“岛夷卉服，厥篚织贝。”这里的“岛”指的是海南岛，“夷”是指居民；“织贝”指的就是用棉花制作的纺织品。

棉花的种植是从南北朝时期开始的，当时传入中国之后，棉花只在边疆少量种植。直到宋末元初，棉花才大量传入中原，之后棉花就在全国各地种植。而到了明朝中后期，几乎所有男女老少都已穿着棉布衣服了。因为棉花纤维柔软、耐用、轻盈、易于染色且便于清洗，明显优于亚麻、苎麻和其他纤维，所以棉花迅速成为纺线的主要纤维，并用于纺织布料。

正在织布的云南佤族人

云南佤族姑娘自己
织布制作的服装

从我国南方传入的印度棉花原本是多年生的落叶乔木，传入我国后，随着向北的迁徙与不断的选育，最后变为植株不高且一年生的“中棉”。由于棉花传入是乔木，因此古人又称棉花为“木绵”(古代的绵是指丝绵)，以后才称为“棉”或“木棉”，宋代以后才称“棉花”。

提问

我们的祖先是先用蚕丝制作衣服还是先用棉布制作衣服?

3. 中国的棉纺织中心

我国植棉历史悠久，棉花从无到有、从少到多，至今已发展成世界产棉大国、棉纺织中心。

据史料记载，自公元前3世纪到公元前2世纪，再到12世纪唐宋时期，我国西南边疆及福建、四川都种植了原产印度的亚洲棉，新疆及甘肃种植的则是起源于非洲南部的非洲棉。但当时棉花和棉布仍属珍贵产品，在人们衣着中所占比重不大。12世纪后期至19世纪中期，南方的亚洲棉逐渐跨过南岭到达长江流域，之后进入黄河流域，西部的非洲棉则经甘肃到达黄河流域的陕西等地。20世纪50—70年代，我国棉花生产重心在南方，长江流域棉区面积占全国的40%，总产量占全国的60%。

我国棉区布局经历了三次转移。20世纪80年代，棉区从南向北开启了第一次转移，黄河流域成为新的生产重心，面积和总产分别占全国的56%和50%；90年代中期，开启了棉区从南、从北向西的第二次转移，西北内陆新疆成为全国棉花生产的重心，形成了“长江流域、黄河流域、西北内陆三足鼎立”的格局。

近十年来，我国长江和黄河流域棉花生产的轻简化、机械化技术和装备发展较慢，长江和黄河流域棉花种植面积逐渐下降，棉花生产重心再次向西转移，形成了新疆“一家独大”的格局。新疆具有得天独厚的生态条件，棉花单产也是全国最高的。

一望无际的新疆棉田

棉花的特性

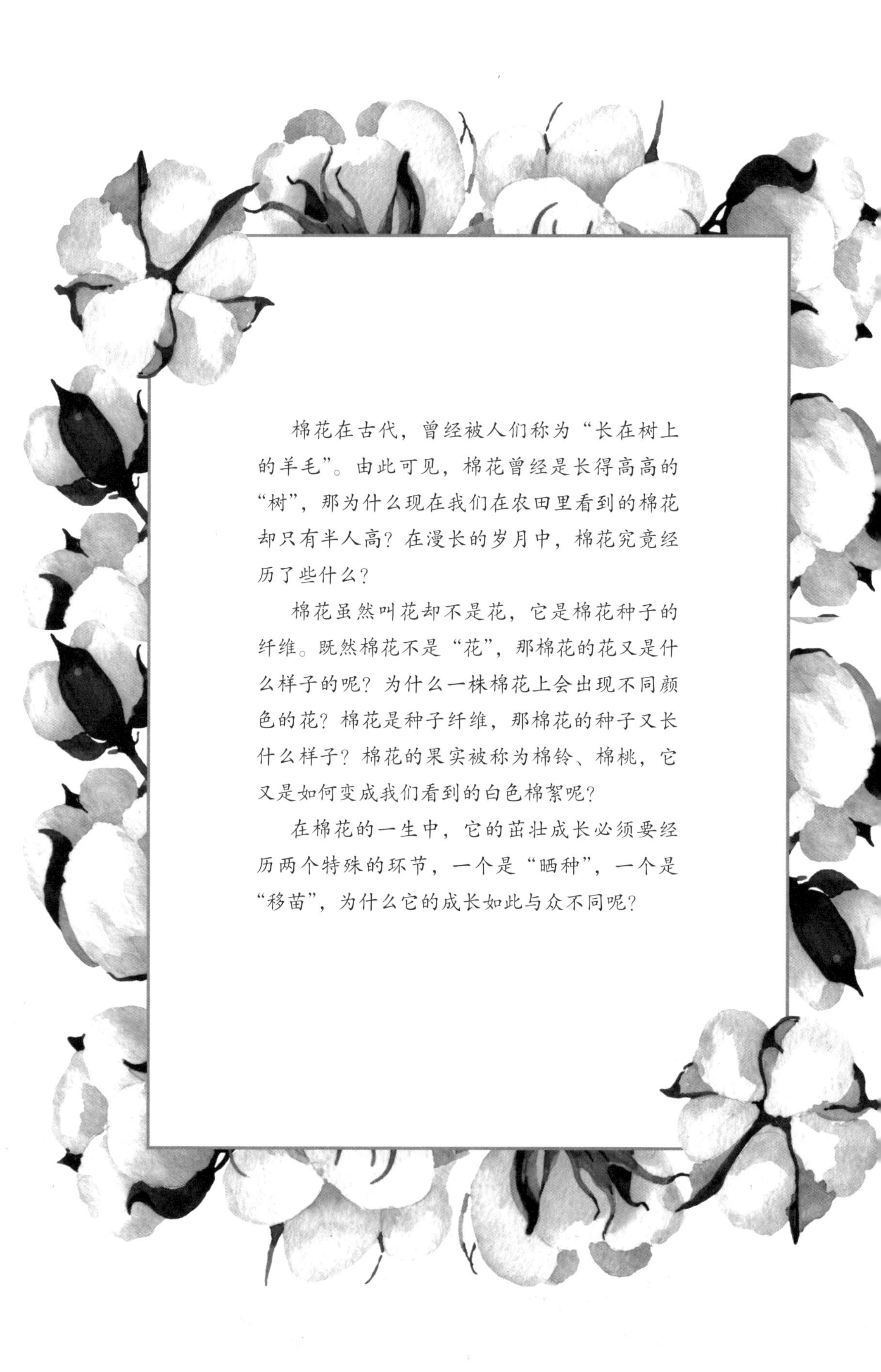

棉花在古代，曾经被人们称为“长在树上的羊毛”。由此可见，棉花曾经是长得高高的“树”，那为什么现在我们在农田里看到的棉花却只有半人高？在漫长的岁月中，棉花究竟经历了些什么？

棉花虽然叫花却不是花，它是棉花种子的纤维。既然棉花不是“花”，那棉花的花又是什么样子的呢？为什么一株棉花上会出现不同颜色的花？棉花是种子纤维，那棉花的种子又长什么样子？棉花的果实被称为棉铃、棉桃，它又是如何变成我们看到的白色棉絮呢？

在棉花的一生中，它的茁壮成长必须要经历两个特殊的环节，一个是“晒种”，一个是“移苗”，为什么它的成长如此与众不同呢？

4. 棉花是不是花

棉花叫“花”却不是花，而是植物的种子纤维。棉花花朵经过授粉与受精后发育形成果实，棉花的果实叫做“棉铃”或者“棉桃”，子房里的胚珠发育成棉花的种子，又叫“棉籽”，棉籽表皮上的生毛细胞迅速伸长，发育成为棉花纤维，等棉花纤维塞满棉铃内部，棉铃便成熟裂开，露出柔软的白色或白中带黄的茸毛，长2～4厘米，这就是棉花。

棉铃变成棉花的过程

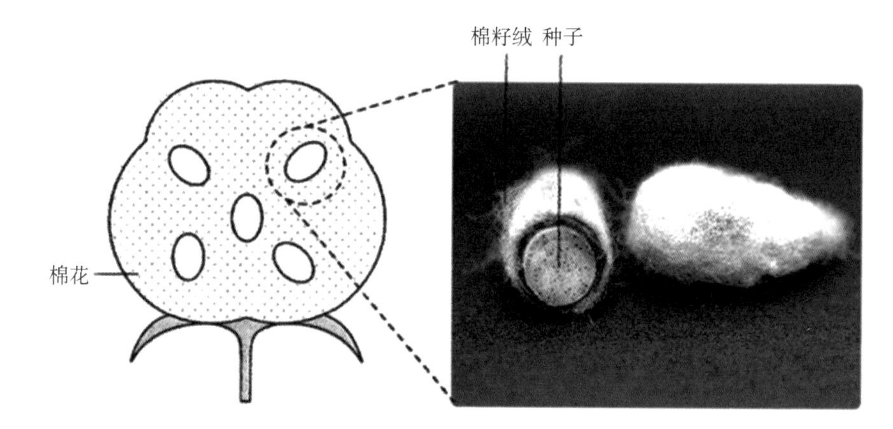

棉花和棉籽

棉花的拉丁学名：*Gossypium spp.*

外文名：cotton

界：植物界

门：双子叶植物纲

目：锦葵目

科：锦葵科 *Malvaceae*

族：木槿族

属：棉属 *Gossypium*

棉花的植株呈灌木状，一般株高 1 ~ 2 米。棉花是可以长成树的，热带棉花最高能长到 6 米，因为高大的树体不利于农业生产，所以棉农把棉花培养成一年生的草本植物。专家认为，因为棉花长期种植过密，为了适应生存，棉花就从“木本”变成了“草本”。

5. 棉铃怎么变棉花

棉铃是棉花的果实，初长时形状像铃，长成后则像桃，所以人们称之为“棉铃”或者“棉桃”。它变成棉花要经过三个阶段。

第一阶段，棉铃增大期。棉花开花后第 20 天左右开始是棉铃的“青春期”，棉铃尽情生长，能长多大长多大。

这时的棉铃表面绿色，果肉鲜嫩多汁，虫子特别喜爱吃，因此容易发生虫害。在这个阶段，棉铃积累了蛋白质、果胶和可溶性糖等大量的营养物质。棉铃的水分含量也达到最高，但随着棉铃的成熟，水分含量会逐渐下降。

增大期的棉铃

第二阶段，棉铃充实期。棉铃的体型长到一定大小后，由棉壳中贮存的营养物质提供能量，棉籽和纤维的干物质不断增长，纤维不断变长，棉铃含水量继续下降。随着棉铃逐渐失水，棉壳的颜色从绿色慢慢变为黄褐色，外壳变得像干树皮。

充实期的棉铃

第三阶段，棉铃成熟期。棉铃开始生长后的第 40 天左右，便进入成熟期。在这个阶段，棉铃的内部释放出的乙烯含量达到最高，从而加速促进棉铃的成熟。棉铃慢慢失去所有的水分，棉壳变得越来越干燥，并沿着缝隙裂开，露出棉花的纤维，这个过程称为“吐絮”。从棉壳开始裂开到充分吐絮通常需要 5 ~ 7 天，这个时间会因棉花品种和地理气候的影响而变化。

成熟期的棉铃

拓展知识

可溶性糖：可以溶解于水的糖，可溶性糖种类较多，常见的有葡萄糖、果糖、麦芽糖和蔗糖。它们在植物体内可以充当能量的储存。相对应的是非可溶性糖，如淀粉、纤维素、木聚糖等。

乙烯：是一种重要的植物激素，可以催化果实的成熟。

棉铃的大小：一般在5厘米左右。

6. 会变色的棉花之“花”

棉花不仅有花，而且是种神奇的花，因为棉花的“花”色会随时间发生改变。当种在地里的棉花长到七八片叶子的时候，棉花就开始开花了。棉花的花刚开的时候，花冠是乳白色或者淡黄色，渐渐变成了黄色，大概四五个小时后，花瓣就变成了粉红色，第二天颜色变得更深，呈深红色或者紫色。所以，一株棉花上有好几种颜色的花，不知道这个秘密的人往往误认为棉花可以开不同颜色的花呢。

棉花的花色变化

棉花的花色为什么会发生这么明显的改变呢？科学研究发现，棉花的花瓣中含有花青素，花青素本来是没有颜色的，但在酸性的环境条件下会呈现红色，在碱性的环境条件下则呈现蓝色。棉花初开时，花瓣的环境条件是中性的，所以花青素是无色的，花瓣看上去是乳白色。当花开了以后，一方面花瓣中的花青素含量慢慢增加，另一方面随着植物的呼吸作用，花瓣中的酸性不断增加，使花青素逐渐呈现出红色，而且伴随酸性增强，花瓣颜色越来越深。

红色的棉花花色

科学家们还发现棉花的花变色快慢跟天气有关。在晴天，因为阳光充足，花的颜色就变得快；在阴雨天，光线不强，花的颜色就变得慢。科学家们通过实验进行了验证，他们用有颜色的纸挡住棉花花瓣的一部分，使其避免受到阳光的照射，几个小时后，发现被纸片盖住的部分，花色就比周围的浅。科学家们又把棉花花的苞叶去掉，让花的基部晒到阳光，结果发现花的基部也能够慢慢变成红色。不仅如此，科学家们还发现花色的变化与外界温度的高低也有很大的关系，高温天气情况下棉花的花色转变得快，天气凉爽时花色就转变得慢。

呈柠檬黄的棉花花色

一株棉花上的不同花色

此外，不同的棉花品种，花的颜色也不太一样。陆地棉和亚洲棉的花色常常是从乳白、浅黄逐渐到紫红色，而海岛棉的花色一般是从柠檬黄变为金黄色。另外，研究者在棉花培育过程中，发现了有的野生棉花的花呈现其他颜色，而且从开花到花的脱落过程中，花色的变化很小。这说明棉花的花色变化，不完全是酸碱变化引起花青素的显色造成的，还与棉花自身的基因相关。

淡黄色的棉花花色

7. 棉籽的“日光浴”

我国棉花产区有江汉平原、华北平原、江淮平原、南疆棉区、鲁西北、长江下游滨海沿江平原、豫北平原等地，但最适合种植棉花的地区还是在新疆维吾尔自治区一带。

由于各个地区气候不同，棉花种植时间也各异。一般而言，棉花种植时间在每年的 4 月左右，但其实应该算作 3 月开始。这是因为棉花的种植和我们种菜种花不一样，它有两个特别的步骤：一个是晒种，一个是育苗移栽，这是棉花苗茁壮成长必须要进行的“特殊护理”。因此从 3 月开始，农民们便开始选购棉花种子进行晒种，准备培育棉花幼苗了。

晒太阳的棉籽

棉籽为什么要进行晒种呢？这是因为太阳的紫外线能杀灭种子上带的病菌，播种后种子不会烂芽，从而提高种子的发芽率，减少幼苗期的病害；还可以增加种子的通透性，打破休眠，使种子能更好地进行有氧呼吸，以加快种子出芽，出好苗、出壮苗。

棉花晒种最好是将棉籽铺在架起来的木板或席子上，铺 4 ~ 7 厘米厚，摊开晒，每天晒 5 ~ 6 个小时（通常是上午 9 点晒到下午 3 点），晒种一般晒 2 ~ 3 天。晒种的时候要经常翻动，把下面的种子翻上来，这样种子才能晒得均匀，提高发芽率。

铺晒的棉籽

拓展知识

种子休眠：这是植物采取的一种生存策略。大多数植物是在夏季或者是秋季开花结种，如果它们的种子在冬季来临之前就已经发芽，那么很可能在越冬的过程中被冻死，所以这种能保证种子在春季萌发的机制还是非常有必要的。种子休眠不仅帮助种子在最理想的环境条件下萌发，而且为种子的传播扩散争取了时间。种子的休眠机制能有效地调节种子萌发的时空分布，也就是说让种子在合适的地方合适的时间发芽，因此具有重要的意义。

8. 苗宝“培优”与“搬家”

如果棉花直接播种的话，由于温度低、地下害虫危害和种子质量等问题，可导致棉花种子出苗不一致，有的出苗早，有的出苗晚，有的甚至不出苗，而且幼苗出土后如果遇到低温冷害，还会冻死冻伤一些幼苗，导致幼苗长势参差不齐。因此农民将棉花进行育苗后移，由于挑选的都是长势健壮、无病虫害、大小一致的幼苗，所以移栽后成活率高，而且躲过了低温天气，幼苗长势好，死亡率低。如果有死苗缺苗等现象，还可以及时进行补苗。

棉花幼苗

育苗移栽的优点是：棉花育苗时会进行精细化播种、精细化管理，适宜的田间温度、水分等，提高了种子出苗率；移栽时按需移栽棉苗，不需要间苗、定苗，减少了浪费，因此可以节约很多种子。棉花大田直播一般一亩（约666.7 平方米）地需要用种子 1.5 千克左右，机器播种一般一亩地需要种子 2 千克。而棉花通过育苗移栽，一般一亩地需要的种子不超过 1 千克。

棉花是一种不断开花结果的作物，只要外界环境条件适宜，就可以长时间开花结果，棉花育苗移栽的生育期可以比大田直播早 30 天左右，这样就可以充分利用生长季节，使棉花植株早现蕾、早开花、早结铃，从而延长棉花的结铃期。

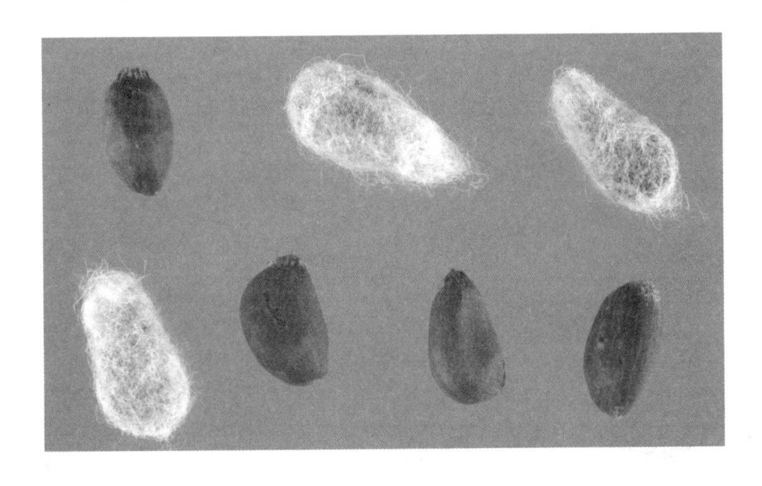

单个棉籽

棉花育苗的时候苗床做过消毒处理，种子也进行了消毒，减少了病害的来源，幼苗感染病害的概率就会降低，在移栽时也会剔除掉发病的幼苗，从而进一步减少了田间病菌的来源。

棉花通过育苗移栽，可以减少棉花植株在大田里的生长时间，有效地解决前后茬作物争地的矛盾。有些地区可以在冬小麦、冬油菜或春季马铃薯等作物收获后再进行移栽，从而提高了土地的利用率，增加了棉农的收入。

棉花苗的培育

棉花的种类和用途

棉花之所以被称为“植物之王”，是因为棉花全身都是宝。会变颜色的棉花花不仅好看，而且是重要的蜜源；棉籽纤维不仅仅可以直接作为保暖物品的填充材料，还可以作为纺织原料，用于生产布匹、衣服等；剩下的棉籽是不是就没用了呢？棉花还有很多你意想不到的用途。

一提到棉花，大家就情不自禁想到“白白”“软软”这两个词，是不是所有棉花都是白色的？有没有天生颜色就不一样的棉花？同样是棉质的床上用品，为什么有的卖几千元，有的只卖几百元？是什么因素影响着棉制品的价格呢？

为什么长绒棉是棉花中的精品？为什么我们新疆的长绒棉备受世界瞩目？又是谁在新疆种下了第一株长绒棉呢？

9. 棉花的用途

棉花的用途很多，它的花是重要蜜源；棉花是纺织工业最主要的原料，可用于生产布匹、衣物等；棉花又是日常保暖物品的填充材料，如被子、棉袄等；棉籽还可以榨油，经过高温处理，除去棉酚后可以食用；棉籽饼则可作为牲畜的饲料或作为肥料。此外，棉花纤维还是优良的造纸材料。普通纸的主要成分是木质纤维和草质纤维，普通纸被水浸泡后容易泡烂、散开，而采用了棉纤维制成的纸张基本上不会受水的影响，被水浸泡后不会散开，更不会被泡烂。

但是，相比普通的造纸材料，用棉花纤维造纸的成本实在太高了，因此，人们就把棉花纤维生产的纸用于钱币纸、地图纸、文件纸和玻璃纸等特殊用途。

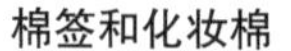

棉签和化妆棉

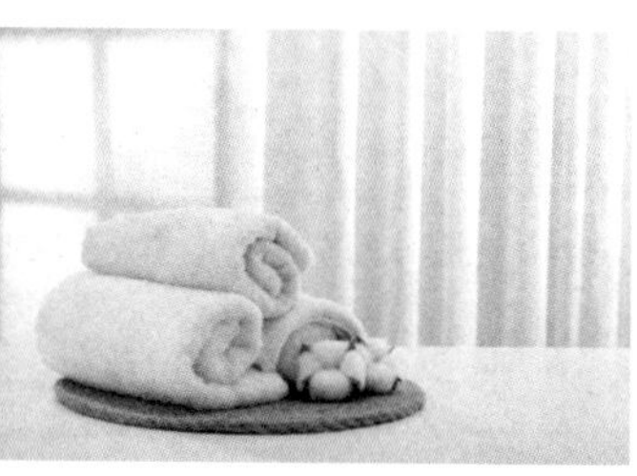

毛巾

棉布包

棉纺衣物

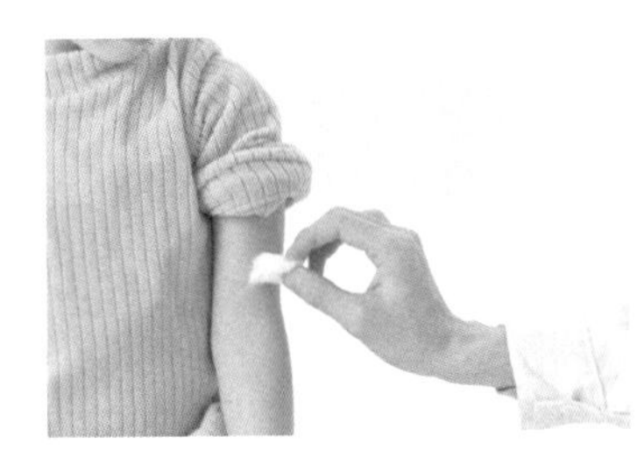

消毒棉球

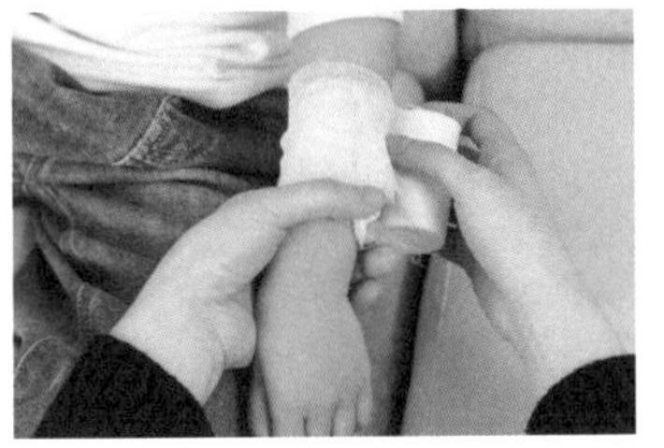

医用绷带

棉布帐篷

拓展知识

人民币纸张的故事

印钞纸的主要成分是棉纤维或亚麻纤维。很多纸币的基本材料是短绒棉制作的棉纸，其纤维较坚韧，浸水后不易断裂。有些直接泡热水饮用的茶包，用的也是这种纸。

因而这种由棉花制成的钱币纸张，具有光洁坚韧、挺括度好、耐磨性强，经长时间流通纤维也不松散、不发毛、不断裂的特点，即便遇水也不会轻易掉色。除了纸质钱币外，棉纸还用于记载一些重要文件，比如美国的《独立宣言》《权利自由法案》和《宪法》等。

10. 棉花的三六九等

《红楼梦》中把人分为三六九等，但棉花可不止九等。按照品质，棉花可以分为五级13等。

衡量棉花品质的指标主要有以下三个。

第一，颜色级，是用来评价棉花的颜色类型。依据黄色深度分为四个类型（白棉、淡点污棉，淡黄染棉，黄染棉）；根据明暗程度确定级别，白棉分为五级，淡点污棉分为三级，淡黄染棉分为三级，黄染棉分为二级，共13个颜色级别，其中白棉三级为标准级。

颜色级代号

级　别	类　型			
	白棉	淡点污棉	淡黄染棉	黄染棉
1级	11	12	13	14
2级	21	22	23	24
3级	31	32	33	
4级	41			
5级	51			

第二，棉花长度级，是衡量棉纤维伸直后长度的指标。28 毫米长度是标准级，以 1 毫米为级距，分为如下七个级。

7 级：25 毫米，包括 25.9 毫米及以下；

6 级：26 毫米，包括 26.0 ~ 26.9 毫米；

5 级：27 毫米，包括 27.0 ~ 27.9 毫米；

4 级：28 毫米，包括 28.8 ~ 28.9 毫米；

3 级：29 毫米，包括 29.0 ~ 29.9 毫米；

2 级：30 毫米，包括 30.0 ~ 30.9 毫米；

1 级：31 毫米，包括 31.0 毫米及以上。

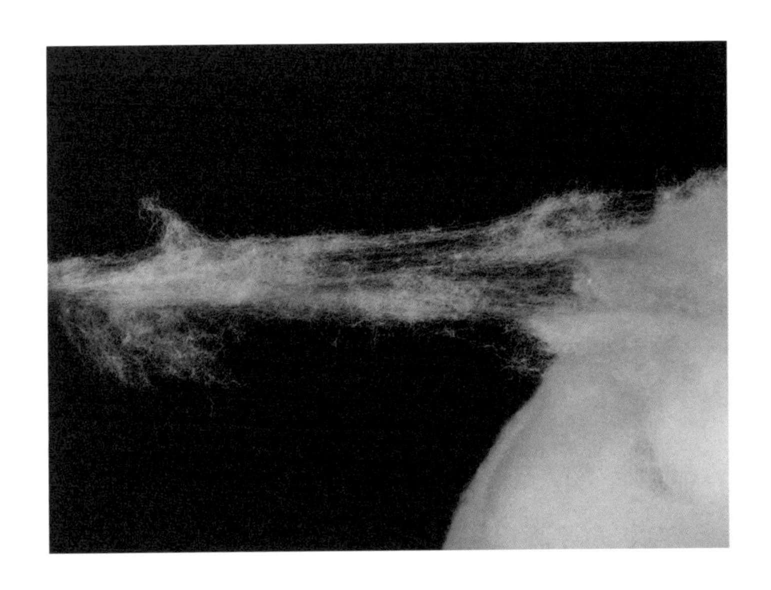

棉花纤维

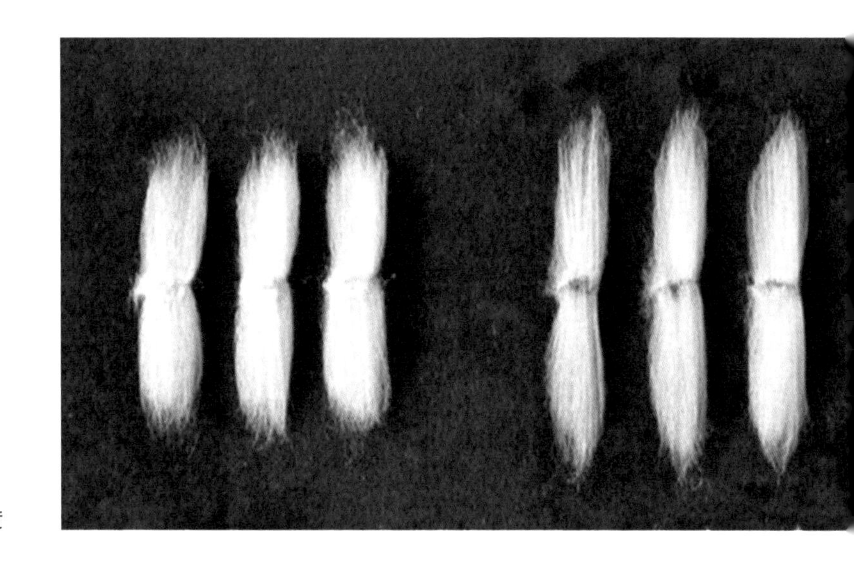

棉花纤维的长度

第三，马克隆（Micronaire）值，是评价棉花纤维粗细程度与成熟度的综合指标，与棉纤维的使用价值关系密切。马克隆值并非越大越好，而是要在一个合适的区间内，分为 A、B、C 三级。马克隆值为 3.7 ~ 4.2，品质最好，为 A 级；马克隆值为 3.5 ~ 3.6 和 4.3 ~ 4.9，品质定为标准级，为 B 级；马克隆值 3.4 及以下和 5.0 及以上时，棉花纤维品质最差，就是 C 级了。

具体测量方法是采用马克隆气流仪来测定恒定重量的棉花纤维在被压成固定体积后的透气性，数值越大，表示棉纤维越粗，成熟度越高，马克隆气流仪是第一种进入棉花分级并得到实际应用的仪器。1961 年，美国制定了

《棉纤维马克隆值试验方法标准》，美国农业部在1966年把马克隆值作为美国棉花的正式检验项目。1972年，马克隆值试验方法已被制定为国际标准。

马克隆气流仪

11. 棉花的“门派”

生物学家认为棉花在地球上已经生长了1 000万～2 000万年，人类对棉花进行驯化和培育的时间大约有5 000多年。棉花原本是一种多年生的木本植物，要么长成一棵树，要么长成灌木。小小的种子有着坚硬的外壳，上面还长着短短的茸毛（棉花纤维），古人通过一次又一次的选择，把棉花培育成了一种矮小的一年生草本植物，并且种子上长着又多又长的白色茸毛，慢慢地把棉花培育成可以满足人类生活需求的经济作物。棉花的驯化过程实际上就是人为对棉花基因进行选择和改良的过程。

地球上的棉花在进化过程中产生了很多品种，可以划分为四个大“门派”，分别是非洲的草棉、亚洲的树棉、中美洲的陆地棉和南美洲的海岛棉。

亚洲棉也叫粗绒棉、中棉、木本鸡脚棉等，原产于印度，种植于长江流域和黄河流域的棉区，是我国栽培时间较长的土棉之一。但由于产量低、纤维粗短，不适合机器纺织，已趋淘汰。

非洲草棉别名有阿拉伯棉、小棉等，原产阿拉伯和小亚细亚。我国广东、云南、四川、甘肃、新疆等地也有

棉花的种类

栽培。这个品种植株稍小，生长期大约 130 天，适合我国西北地区栽培，但目前种植面积不大。和亚洲棉差不多，其产量低，纤维质量差。考古学家发现，在埃及法老墓中（距今 4 000 年前），木乃伊身上缠裹着彩色的棉布带，在墓中的器皿里还发现了棉籽，说明在那个时候，古埃及人已经可以种植和利用非洲棉了。

陆地棉也称细绒棉，别名有高地棉、大陆棉、美洲棉、墨西哥棉等，原产于中美洲，适应性广、产量高、纤维较长、品质较好。我国在 19 世纪末引进栽培，现在已广泛栽培于全国各地棉区，取代了树棉和草棉，并且品种

用棉布包裹的木乃伊

很多。全球超过 90% 的棉花作物是陆地棉，是目前大部分纺织品的原料。

海岛棉也叫长绒棉、光籽棉、木棉、离核木棉等，原产于南美洲热带和西印度群岛。因 1786 年在乔治亚圣西门岛（Saint Simon Island）种植成功，所以被命名为“海岛棉”。海岛棉是世界上最优良的棉花品种，海岛棉之所以是纺织纤维中的上品，是因为它的棉花纤维不仅非常细长，而且韧性也好。海岛棉传入中国后，种植在我国云南、广东、广西等地。

12. 长绒棉“三剑客”

按照品质，世界上的棉花可以简单分为粗绒棉、细绒棉和长绒棉三种。其中，长绒棉的品质最好，其纤维长度一般在 33 毫米以上。在纺织业中，支数越高面料就越薄，光泽度越好，手感越软，亲肤感也越好，但需要的纱线越细，密度越高，纺织工艺要求越严格，织出来的面料价格也越贵。长绒棉可以制作出高支纱，用来生产高档的纺织品，因此被誉为“棉中极品”。

目前全球有三个特别有名的长绒棉，分别是中国的新疆棉、美国的匹马棉和埃及棉，堪称长绒棉“三剑客”。为什么这三个地方的棉花特别有名呢？主要是因为棉花的品质好坏与种植地的气候有着非常大的关系。这三个地方的气候特别适合长绒棉生长，所以产出的棉花品质特别好。

其中以埃及长绒棉质量最为上乘，被称为棉花中的“白金”。而埃及长绒棉中的极品“吉扎 45”长绒棉是世界上最优质的长绒棉品种，棉花纤维长度可以达到 60 ~ 70 毫米。因此，埃及棉织品的价格特别高昂。不仅如此，埃及棉还富蚕丝光泽，质地坚韧，染色效果好。但是埃及的法老木乃伊身上缠裹的棉布原料不是埃及棉，而是非洲棉。

新疆棉和埃及棉等优质棉制成的床上用品

| 拓展知识 |

支 数

支数是表示棉线长度和重量的一种方式。打个比方，1克棉花做成30根长度为1米的棉线，那就是30支；1克棉花做成40根长度为1米的棉线，那就是40支；1克棉花做成60根长度为1米的棉线，那就是60支（我们一般用S表示支数，60S表示60支）。所以，支数越高，纱就越细，织出的布就越薄，相对也就越柔软舒适。那么是不是支数越高就越好呢？这并不绝对，支数的多少也需要根据面料具体作用而定。以我们的衬衫为例，60支到80支就不错了，大牌衬衣的面料一般是100支以上。

13. 什么是彩棉

正常成熟的棉花，不管棉花纤维的颜色是白色、奶白色还是米白色，或者略带淡黄色，都统一被称为“白棉”，因此往往给我们的印象是，棉花都是纯白色的。

其实，自然界还有天生就有颜色的棉花，称为“彩棉”。所以棉花除了白色外，天然棉花还有绿色、棕色等。

彩棉之所以是彩色的，是因为棉花纤维中含有天然色素类物质。天然彩棉的纤维透气性好、抗静电、吸汗性强，而且不用化学染色，因此更加绿色环保。目前，世界上公认的天然彩色棉花只有绿色和棕色，根据棉花纤维颜色的深浅，棕色彩棉又可分为淡棕色、黄棕色、棕色、灰棕色和深棕色；根据纤维类型，绿色彩棉则可以分为绿色纤维加绿色短绒、白色纤维加绿色短绒两种。

绿色彩棉和棕色彩棉

彩棉棉花纤维在发育过程中因为有色素物质的合成与沉积，所以使棉花纤维呈现天然色彩。科学家们研究发现，原来花青素是棕色棉花纤维颜色形成的主要成分，棉花颜色的形成和纤维素含量、纤维长短以及纤维品质都存在一定的关系。科学家们还发现，彩棉产品还可以屏蔽紫外线，紫外线透过率明显低于白棉坯布，彩棉坯布对UVA和UVB都有一定的屏蔽作用。

但如果因为天气不好等原因，比如霜冻、多雨或光照不足等，导致棉花的颜色发黄、发灰，这种被称为“黄棉”或“灰棉”的棉花就不是彩棉了，而是属于棉纤维次品，价格较低。

彩棉纺织品

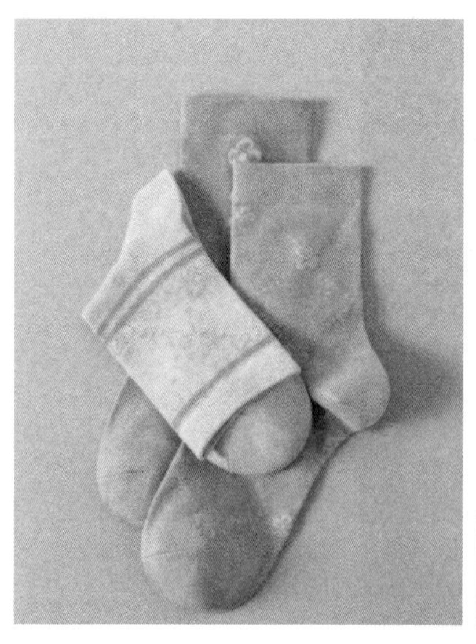

也许对很多人来说，彩棉是个新事物，但其实早在4 000多年前，古印度人就已经开始种植彩棉了，后来其他少数国家也陆续开始种植彩棉。在20世纪末，英国棉纺加工商发现，将棕色彩棉与羊毛进行混合，在制作衬衣和针织用品时可以降低面料的成本，不仅面料的缩水率减轻了，而且面料具有更好的光泽度，也更平整。但从第二次世界大战开始，全球仅美国部分地区、美洲中部和南部、英国、印度以及原苏联地区种植彩棉。当时，美国对种植的彩棉非常重视，还针对棕色和绿色棉花纤维开展纺织技术研究。目前，我国是世界上最大的天然彩棉种植、生产、供应国，年产量2万多吨，约占世界天然彩棉产量

羊毛与彩棉混纺的布料

的60%，国内95%的彩棉来自新疆。

因为彩棉纤维的颜色是天然形成的，所以哪怕是同一品种的彩棉，长出的棉花纤维颜色也存在细微的差别，彩棉棉布的颜色不可能像印染棉布那样均匀，于是影响了棉布产品的外观。棉花纤维色泽不稳定、纤维色彩不够丰富是影响天然彩棉发展和推广的重要原因。

14. 木棉和棉花是亲戚吗

棉花在古代曾经被称为“木棉”，现在也有一种叫做木棉的植物，它和棉花是什么关系呢？答案是：它们是完全不一样的植物。木棉树是一种生长在热带及亚热带地区的落叶大乔木，被作为广州市、高雄市以及攀枝花市的市花。虽然木棉和棉花都是锦葵目，但是木棉属于木棉科，木棉属，而棉花则属于锦葵科，棉属。

木棉分布于印度、斯里兰卡、中南半岛、马来西亚、印度尼西亚至菲律宾、澳大利亚北部和中国。在中国则主要分布于云南、四川、贵州、广西、江西、广东、福建和台湾等亚热带省区。

木棉树

木棉的花是红色的，拥有5片花瓣，包围一束密密的黄色花蕊。木棉树也有棉状短纤维，但不能纺纱，更不能织布，只能作为枕芯之类的填充物。

木棉的棉絮

15. 黄道婆——纺织界的科学家

1980年11月20日，我国发行的第三组《中国古代科学家》邮票就包含了4位中国古代科学家，他们分别是春秋战国水利家李冰、东魏农学家贾思勰、明代科学家徐光启和宋末元初著名棉纺织家黄道婆。其中，黄道婆帼不让须眉，是唯一入选的女科学家。

黄道婆（1245—1330），原松江府乌泥泾（今属上海市）人，宋末元初著名的棉纺织家、技术改革家，为我国棉纺织业做出了杰出的贡献。相传黄婆婆幼时为童养媳，因不堪虐待流落到崖州（今海南省三亚市崖城镇一带），在当地居住约40年，向黎族妇女学习棉纺织技艺并加以改进。元朝元贞年间黄婆婆返回故乡，教乡人改进纺织工具，制造擀、弹、纺、织等专用工具，使操作变得简单，生产效率得到极大提高。同时，黄婆婆毫无保留地将自己的纺织技术传授给大家，通过“错纱、配色、综线、挈花”等织造技术，生产各种花纹的棉织品，使棉织品变得更鲜艳、更漂亮。民间也因此广为传颂：黄婆婆，黄婆婆，教我纱，教我布，两只筒子两匹布。

黄道婆纪念邮票

古松江

福

估计连黄婆婆自己都没想到，在短短的几年内，她所生产的棉纺织品会畅销全国。元朝时期，松江一带就成为我国的棉织业中心，百年不衰，正所谓“买不尽松江布，收不尽魏塘纱”。18 世纪，作为百年老字号的松江布便远销欧美，举世闻名，被誉“松郡棉布，衣被天下”。

纺线的黄道婆

16. 黑心棉

“黑心棉”不是指黑颜色的棉花，而是专指劣质的絮用纤维制品。

黑心棉的危害非常大，因为没有进行严格消毒，可能成为细菌的“温床”。黑心棉一旦经过漂白处理，其危害就更大了，不但棉纤维表皮的蜡质层被破坏了，而且会吸附大量的用于漂白的化学物质，人体直接接触会引起瘙痒、过敏、皮癣，长期使用还会诱发呼吸系统疾病和顽固性皮肤病。

黑心棉引起过敏

2002年7月16日，国家质量监督检验检疫总局、国家经贸委、卫生部和国家工商行政管理总局共同制定了《絮用纤维制品禁止使用原料管理办法》，严格控制黑心棉的原料，加大从源头上打击黑心棉的力度，从根本上遏制生产、销售黑心棉的违法犯罪行为。

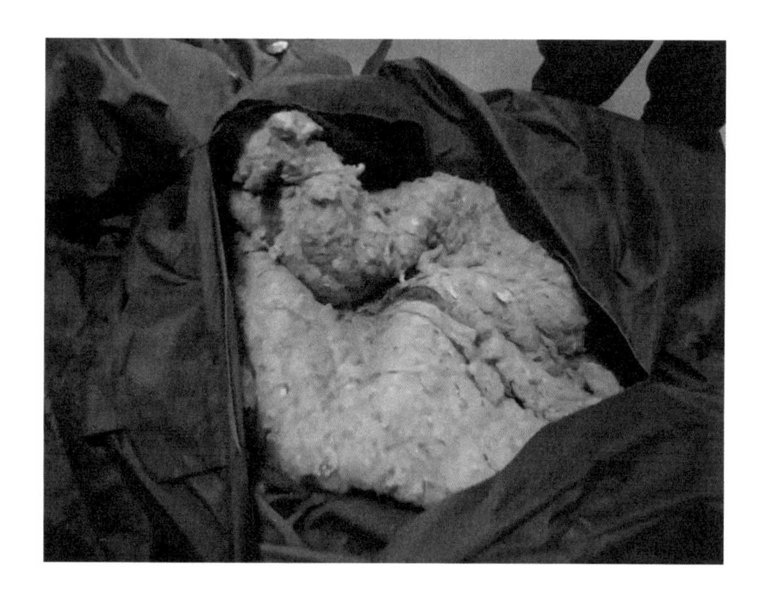

黑心棉

《絮用纤维制品禁止使用原料管理办法》中列举了以下四种禁用原料。

① 纤维性工业下脚料。是指纤维加工、纺织、服装加工及其他纤维制品生产加工中产生的下脚料。主要包括：棉短绒、不孕籽回收棉、落地棉、废纱、边角料等。

医用纤维性废弃物

② 医用纤维性废弃物。是指医疗卫生机构已使用过，且不应当再重复使用的各类纤维制品。主要包括：已使用的脱脂棉、脱脂纱布等医用敷料；应当予以淘汰的医患人员的衣物、絮用纤维制品及其他纤维制品等。

③ 废旧服装及其他废旧纤维制品。是指因穿着、使用或存放一定时间后，已丧失或降低原使用价值，被淘汰、丢弃的服装服饰、絮用纤维制品及其他纤维制品。

④ 再生纤维状物质。是指将工业下脚料、废旧服装及其他废旧纤维制品等通过斩碎、开松、漂洗等方式进行简单加工的絮状纤维物质。

17. 中国长绒棉之父

中国的新疆棉无论数量还是品质，目前都处于世界先进水平。尤其是新疆长绒棉，已经成为与著名的埃及吉扎棉、美国皮马棉相媲美的棉花品种。

新疆长绒棉是如何培育出来的呢？估计很少有人知道，在1959年以前，整个中国都没能种出过长绒棉。改写中国长绒棉种植历史的人，是一位鲜为人知的伟大科学家——陈顺理，他被誉为“中国长绒棉之父”。

陈顺理先生

1923 年 9 月，陈顺理先生出生于湖南长沙，成长于国家处于危难之际的动荡年代，1950 年毕业于浙江大学农学院农艺系。受王震将军的邀请，他放弃在沿海大城市待遇优厚的工作机会，毅然踏上了前往边疆之路。他发现新疆南疆地区气候炎热、少雨、昼夜温差大，与海岛棉的生长条件十分吻合，坚信在这里可以种植出世界上最好的长绒棉。

1953 年，农业部寄给新疆 500 克来自苏联的埃及长绒棉种子，王震将军小心翼翼地把这些宝贵的种子交到了陈顺理先生手里。1955 年，陈顺理先生用来自苏联的埃

棉花丰收的新疆

及棉种，在南疆成功种植出长绒棉，从此，“塔里木是棉花禁区”的断言被彻底打破。

陈先生没有满足于此，他的目标是培育出中国人自己的长绒棉品种！棉花育种是一件十分枯燥的事儿，长年累月要泡在棉田里。然而，陈先生携助手和夫人，在棉花地里办公，在棉株丛中穿梭，乐此不疲。数年的努力、无穷的毅力、超出常人的耐心和科学的方法，陈先生在几千万株棉苗中终于发现了一株梦寐以求的“天然杂交变异株”。1959 年，陈顺理先生培育出了我国第一个能适应塔里木种植的长绒棉新品种——“胜利 1 号”，我国第一个长绒棉品种诞生了！

但陈先生依然没有满足于所取得的成就，1967 年，他又培育出早熟、高产的长绒棉新品种“军海 1 号”，其棉花品质达到世界优质长绒棉的水平。我们不但拥有了中国人自己的长绒棉品种，而且在棉花的长度、细度、强力和手感等各方面指标，都接近世界先进水平。

陈先生培育的“军海 3 号”被棉农争相抢种，在新疆阿克苏地区种植面积达到了 2 万公顷。这些长绒棉送到上海、天津、青岛等地试纺，受到当地纺纱厂的高度青睐。

喜获丰收的“军海 3 号”

陈先生做出了如此卓越的贡献，却没有丝毫物资上的奢求。记者曾进入他在塔里木河畔的家中，发现陈先生的家狭小而简洁，一床一桌几把木椅几乎就是他全部的家具，唯有一个大书柜格外醒目，上面摆满了各种各样的农业专业书。陈先生取得如此辉煌的成就，却连像样一点的照片都不曾留下。正如他所说，他爱上了这份事业，爱上了新疆这片土地，他跟家人商定了，在这里干一辈子，去世后就埋在塔里木。

不幸的是，陈顺理先生在 1998 年离开了我们，享年仅 75 岁。早年恶劣的工作环境和极度的营养不良也许是他过早离世的重要原因。了解他的经历后，惊人地发现他与中国杂交水稻之父袁隆平先生有太多的相似之处：他们是新中国最早培养的一批知识分子，而且都是农业育种专家；他们是真正的明星，热爱事业，信念坚定，具有崇高的奉献精神，为了国家和民族的利益，可以放弃小我。我们应该牢牢记住他们。

转基因抗虫棉

棉花不仅深受我们人类的喜爱，也同样受到虫子的青睐。棉花的虫害是个棘手的问题，据说有几百种害虫在祸害棉花。当然，不仅祸害中国的棉花，也祸害外国的棉花，而且连农药都无法阻止棉花害虫的发生与传播。

排名前三的害虫中，最有名的就是棉铃虫。棉铃虫号称是棉花的终结者，只要有它在，棉花就必死无疑。为什么棉铃虫有这么大的杀伤力？为什么农药对它也无能为力？棉铃虫究竟具备怎样的神奇能力呢？

一种来自小小微生物——苏云金芽孢杆菌的蛋白却成为击败棉铃虫的独门武器，它是怎么被发现的？它又是怎么毒杀棉铃虫的？它的出现催生了转基因抗虫棉，是转基因技术拯救了全世界的棉花。在我国科学家们的不懈努力下，中国成为世界上第二个培育出转基因抗虫棉的国家，我们种上了自己的抗虫棉。

18. 棉花的终结者

棉花是人类重要的经济作物，但是棉花虫害是一个非常棘手的问题。目前，棉花主要有三大虫害，分别是棉蚜、棉铃虫和棉叶螨。

棉蚜是棉花苗期的重要害虫。棉蚜用刺吸器官刺穿棉花叶片的背部或嫩头，以吸取汁液。棉花幼苗在苗期受损后，可导致叶片卷曲，开花和结铃期推迟。

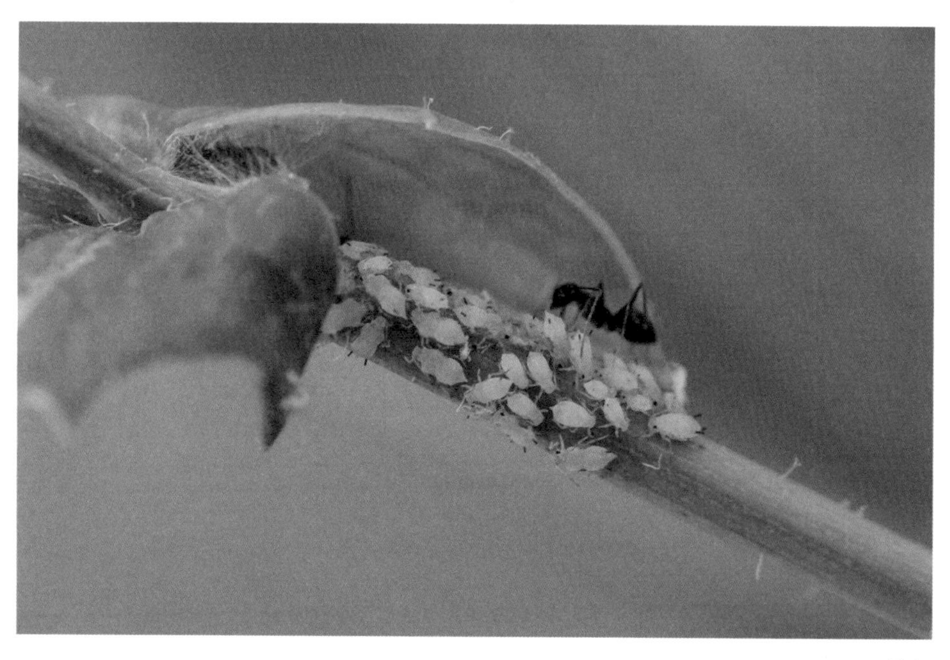

棉蚜

棉花叶螨

棉花叶螨也称为棉红蜘蛛，主要吸取棉叶背面的汁液，从而导致叶子上出现黄斑、红叶和落叶，它会在棉花的整个生长期危害棉花，造成棉花大面积减产。

棉铃虫是对棉花危害最大的害虫。棉铃虫属鳞翅目夜蛾科，又名棉铃食夜蛾，主要蛀食棉花的蕾、花、铃，也取食嫩叶。蕾被蛀食后苞叶张开发黄，随后脱落；花的柱头和花药被害后，不能授粉结铃；棉铃被蛀洞后，可造成烂铃。棉铃虫的幼虫为一种花蛆，淡绿、淡红至淡褐色、黑紫色，常见为绿色和红褐色。背线、亚背线和气门上线为绿色纵线，体表布满小刺。棉铃虫在我国分布很广，寄主范围广泛。内蒙古、新疆一年可发生 3 代，长江以北可发生 4 代，华南和长江以南可发生 5 ~ 6 代，云南则可发生 7 代。

以四代为例：虫蛹在土中越冬，来年 4 月中、下旬开始羽化，5 月上、中旬为成虫羽化盛期，并开始产卵；7 月为第二代幼虫危害盛期；8—9 月为第三代幼虫危害盛期；第四代幼虫于 10 月上、中旬老熟，入土化蛹越冬。

棉铃虫

20世纪90年代，棉铃虫在我国大部分棉区大暴发甚至持续性发生，给我国棉花产业带来了巨大的威胁。之前一年只需打农药2～5次就能有效控制棉铃虫，到后来每年即使打药10～20次也很难控制其危害，使棉农谈“虫”色变。1992年，我国黄河流域的棉花种植区暴发特大棉铃虫危灾，造成直接经济损失高达100多亿元。后来，虫灾又迅速向长江流域棉区蔓延，迫使棉农不得不采取高频次、高浓度施用杀虫剂。这样虽然能暂时控制住虫灾泛滥，但大大增加了棉农的劳动强度和棉花的生产成本，不仅破坏了生态环境，而且严重损害了棉农的身体健康。

棉花的虫害不止在中国暴发，美国也深受其害。

1992年，美国棉花因虫害损失21.79万吨，合计4.54亿美元，全美用于防治棉花虫害的费用达6.01亿美元，棉花虫害造成约10亿美元的损失。

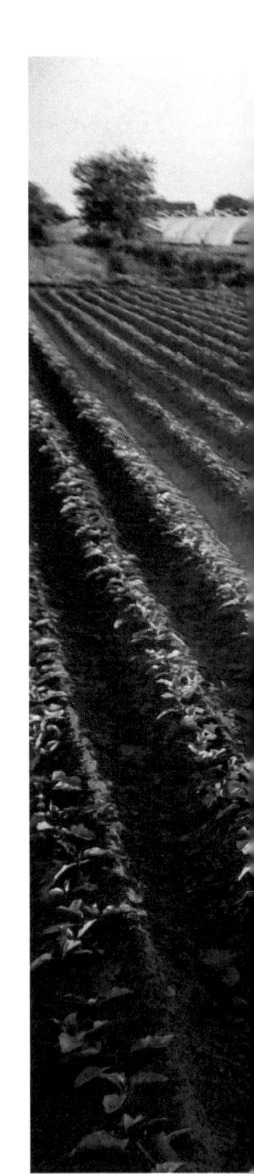

棉农在喷洒农药

棉花虫害越来越严重的原因是害虫对农药产生了抗性。每次喷洒农药，抗药性弱的害虫个体被淘汰，抗药性强的个体存活下来，并将基因传递给后代。通过一轮又一轮的“选拔”，害虫的抗药性逐渐增强，导致农药失去作用了，这也是一种自然选择的现象。

19. 棉铃虫的超级“基因升级”能力

棉铃虫体和我们人类一样，它也具有“免疫系统”，可以对农药进行降解，使其免受农药毒害，从而表现为抗药性。当农药的量大于棉铃虫的降解能力时，棉铃虫来不及把摄入的农药都降解掉，就会导致死亡。

人们对棉田进行农药喷洒后，大部分棉铃虫都会死亡，但是每次都会有一些棉铃虫存活下来，并繁殖后代。这些幸存的棉铃虫把强大的解毒能力遗传给后代，慢慢地，“幸存”的棉铃虫就会越来越多。于是，人们就增加农药的剂量，大多数棉铃虫又都会死亡，但是仍然有一些棉铃虫可以存活下来，这些“幸存”的棉铃虫具有更强大的解毒能力，并遗传给后代，繁殖出的新一代棉铃虫则会表现出更强大的抗药性。

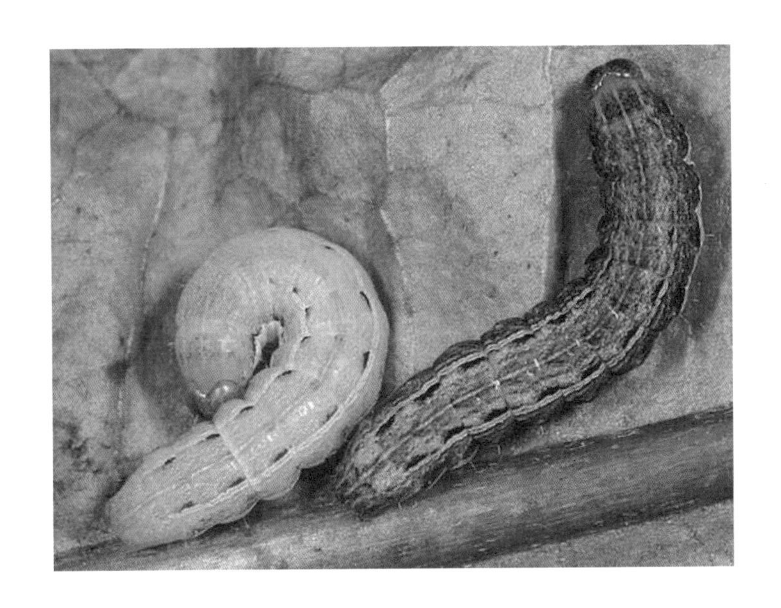

“幸存”的棉铃虫后代

棉铃虫的解毒能力是由它自身基因决定的，因此在一次又一次喷洒农药的过程中，棉铃虫的基因不断进化，从而表现出更强的抗药性。就好比我们的手机软件不断升级，从而具备更强大的功能。

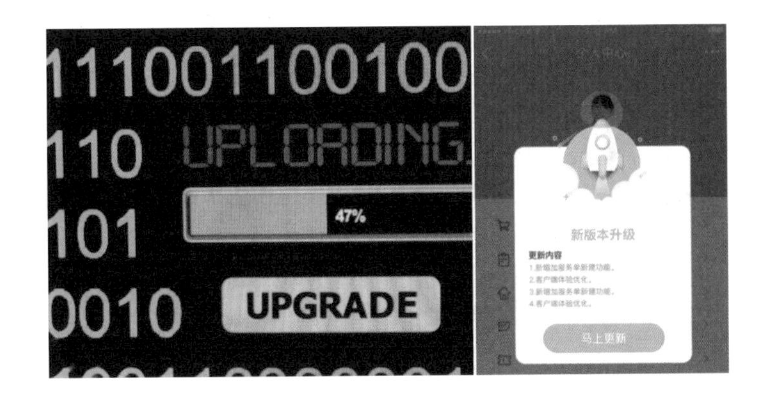

系统升级

20. 棉铃虫的定制“毒药”

苏云金杆菌是在1901年由日本人石渡从患病家蚕中分离得到的，常用其拉丁学名第一个字母缩写“*Bt*”代指苏云金杆菌（*Bacillus thuringiensis*，*Bt*）。这是一种革兰氏阳性细菌。苏云金杆菌长得像根短棍面包，矮矮的、胖胖的，周生鞭毛或无鞭毛，通常2～8个细菌个体呈链状排列。当苏云金杆菌生长到一定的阶段，身体的一端便会长出一个卵圆形的芽孢，用来繁殖小苏云金杆菌；另一端则产生一个结晶体，形状是菱形或者近似正方形。因为这个晶体与芽孢相伴而生，所以称之为“伴孢晶体”，具有很强的杀虫毒性，俗称“Bt杀虫晶体蛋白”或“Bt蛋白”。

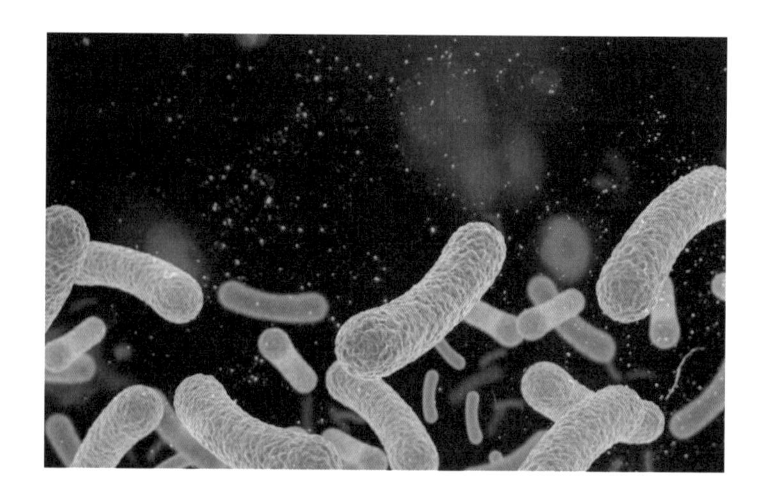

苏云金杆菌

尽管最早是日本人发现了苏云金杆菌，但是把苏云金杆菌的杀虫蛋白开发为杀虫剂的却是欧洲人。1911 年，在德国一个叫苏云金（在现图林根州）的小城镇上，一种叫地中海粉螟的仓储害虫频繁造成危害，仓库里成虫飞舞，面粉中幼虫大快朵颐。直到一只离奇死亡的粉螟幼虫引起了生物学家贝尔内（Berliner）的注意，随后他从这些患病的地中海粉螟幼虫体内分离得到病原菌，在 1915 年，正式采用地名将这个引起地中海粉螟死亡的细菌命名为“苏云金芽孢杆菌”，简称“苏云金杆菌”。

苏云金古镇

1938 年，法国生产出第一个苏云金芽孢杆菌商品制剂“Sporeine”，并马上用于地中海粉螟的防治。科学家们最终证实苏云金杆菌对于鳞翅目、膜翅目、直翅目、鞘翅目等 130 多种害虫都具有杀虫活性。此后，世界各国的科学家们对苏云金杆菌进行广泛的研究，不断发现苏云金杆菌的新亚种或变种。现在，全世界共分离出 5 000 多种苏云金杆菌，包括 82 个亚种，可以分为 77 个血清型。

粉螟

不同的苏云金杆菌编码 *Bt* 蛋白的基因不同，于是产生不同的 Bt 蛋白，可以杀死不同的害虫。我们根据杀虫范围可以将 Bt 蛋白基因分成Ⅰ，Ⅱ，Ⅲ，Ⅳ，Ⅴ，Ⅵ六大类，统称为 *Cry* 基因。

苏云金杆菌 *Bt* 基因

基因类型	毒杀昆虫的种类
Cry Ⅰ	对鳞翅目昆虫幼虫有特异性
Cry Ⅱ	对双翅目和鳞翅目昆虫具有特异性
Cry Ⅲ	对鞘翅目昆虫具有特异性
Cry Ⅳ	对双翅目昆虫有特异性
Cry Ⅴ	对鳞翅目和鞘翅目有特异性
Cry Ⅵ	对线虫有特异性

不同苏云金杆菌亚种对同一类型昆虫的毒力不同，同一苏云金杆菌亚种对不同类型昆虫的毒力也不同。我国广泛生产和使用的有苏云金杆菌蜡螟亚种和武汉亚种等，对稻苞虫、菜青虫、松毛虫等有很好的毒杀效果，库斯塔基亚种对棉铃虫有很强的毒力，以色列亚种则对蚊子幼虫有良好的防效。

苏云金杆菌是应用最早、防效最确切、防治面积最大、最安全的生物杀虫剂，被广泛用于农林、仓储等的虫害防治。目前在世界上生产苏云金杆菌杀虫剂的厂商有500多家，商品种类达100多种，年产量达50万吨。在我国，生产苏云金杆菌制剂的工厂也有几十个，仅1991年的年产量就高达5 000吨以上。

除了Bt蛋白，还有一些植物来源的抗虫蛋白。现在发现活性最强的植物源抗虫蛋白是豇豆胰蛋白酶抑制剂，它是一种丝氨酸蛋白酶抑制剂，能毒杀的害虫种类众多，对大部分鳞翅类和鞘翅类起作用，而且害虫不容易产生抗性，重要的是对人和动物没有危害等。此外，植物来源的抗虫蛋白还有植物凝集素，它是一类糖结合蛋白，在昆虫肠腔部位与糖蛋白结合，从而降低膜透性，影响昆虫营养物质的正常吸收，并引起昆虫消化道内的细菌繁殖，导致昆虫得病或者厌食，最终生长停滞直至死亡。目前，成功用于植物抗虫基因工程的凝集素基因除了豇豆胰蛋白酶抑制剂和植物凝集素外，还有半夏凝集素（*PTA*）基因、豌豆凝集素（*PLec*）基因、雪花莲凝集素（*GNA*）基因、麦胚凝集素（*WGA*）基因。

半夏

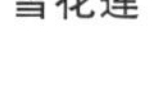
雪花莲

豌豆

麦胚

21. Bt蛋白杀虫的秘密

当害虫采食农作物时，把苏云金杆菌也吃到肚子里，苏云金杆菌的伴孢晶体里面装着很多Bt蛋白原毒素，它们跟着食物一起经过昆虫肠道时，引起昆虫肠道细胞破裂，从而达到杀死昆虫的效果。有点像孙悟空钻进铁扇公主的肚子里，Bt蛋白在昆虫的肚子里“大显威风”。

虫子吃了Bt抗虫农作物死亡的三要素：昆虫吃了含有Bt蛋白的抗虫玉米，Bt蛋白进入碱性环境的肠道中降解为肽段（肽段是介于氨基酸和蛋白质中间的一种物质，由两个以上的氨基酸之间以肽键相连形成）；这个肽段要与Bt蛋白受体结合才能发挥作用，而昆虫的肠道表面正好就有Bt蛋白受体，和肽段特异性结合，引起肠道表皮细胞膜破损，进而造成肠道穿孔，最终导致昆虫死亡。

以转基因抗虫玉米为例。对于人类来说，我们的肠胃道是酸性环境，抗虫玉米的Bt蛋白不能被降解成与Bt蛋白受体结合的肽段；重要的是，人的肠道表面没有Bt蛋白受体。另外，我们吃玉米需要通过蒸煮，而Bt蛋白的热稳定性很差，在蒸煮过程中，因为高温导致Bt蛋白被破坏从而失去活性。失去活性的Bt蛋白即使害虫吃了也不会死，所以人吃了Bt抗虫玉米没事，虫子吃了就会死。

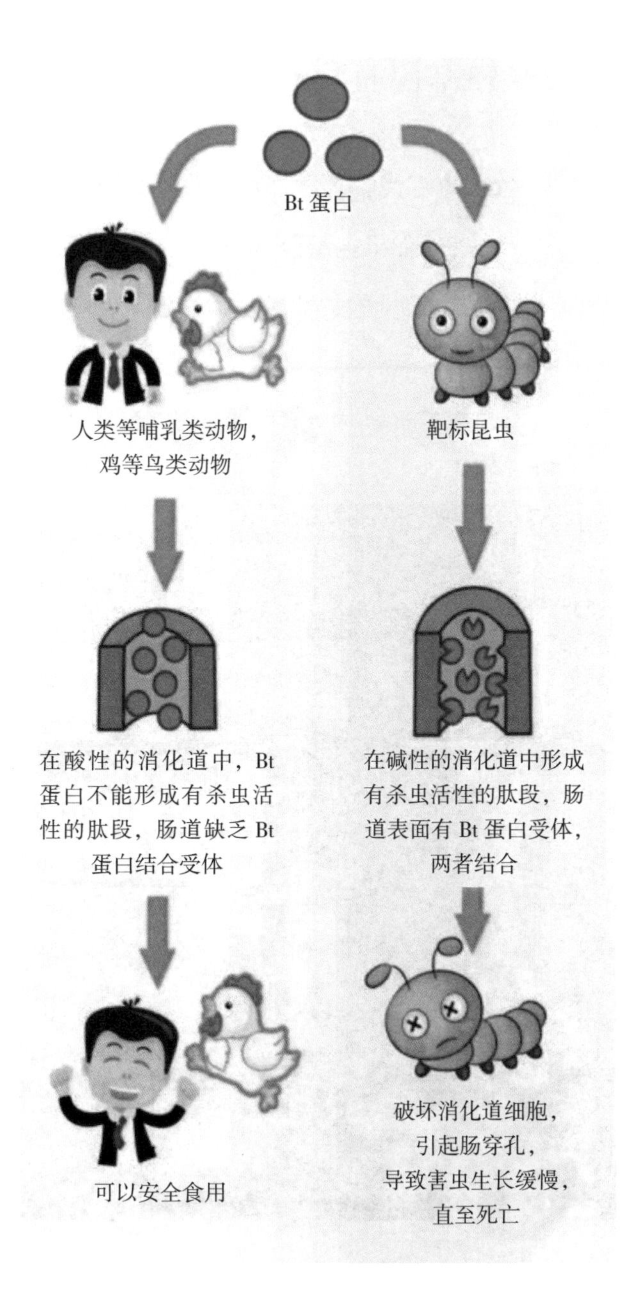
Bt 蛋白
人类等哺乳类动物，
鸡等鸟类动物
靶标昆虫
在酸性的消化道中，Bt
蛋白不能形成有杀虫活
性的肽段，肠道缺乏 Bt
蛋白结合受体
在碱性的消化道中形成
有杀虫活性的肽段，肠
道表面有 Bt 蛋白受体，
两者结合
可以安全食用
破坏消化道细胞，
引起肠穿孔，
导致害虫生长缓慢，
直至死亡

Bt 蛋白杀虫原理

22. 转基因抗虫棉的诞生

20世纪80年代后，分子生物学技术得到空前的发展，人们开始思考，如果把编码Bt蛋白的基因转移到各类植物内，植物就可以自己产生杀虫的蛋白，这样就不用再喷

美国棉农

洒农药了。1990年，世界上第一株转基因抗虫棉在美国诞生，美国孟山都公司将苏云金芽孢杆菌编码 Bt 杀虫蛋白的基因分离出来，插入棉花的基因组中，棉花就可以自己产生 Bt 杀虫蛋白，这样就培养出含 Bt 杀虫蛋白的转基因棉花，随后进行了这种转基因抗虫棉的商业化种植。

转基因抗虫棉的商业化种植

23. 我国的抗虫棉

1991 年，我国启动抗虫棉研究工作，清华大学生命科学学院谢道昕教授首次将 *B.t.aiza-wai 7-29* 和 *B.t.kurstaki HD-1* 基因分别导入陆地棉品种中；1992 年底，我国成功培育出 *GFMCry1A* 融合 *Bt* 杀虫基因，这是培育出的第一株具有自主知识产权的单价转基因抗虫棉。针对单价转基因抗虫棉存在抗虫单一、害虫易产生抗性等问题，1995 年，我国科学家在 *GFM Cry1A* 转基因抗虫棉的基础上又增加了编码豇豆胰蛋白酶抑制剂的基因，培育了可以产生两种杀虫蛋白的抗虫棉花，又称为“双价转基因（*Bt+CpTI*）抗虫棉花”。这一成果标志着我国第二代抗虫

谢道昕　院士

棉的研究水平已经达到了国际领先水平，我国成为继美国之后第二个独立研制成功转基因抗虫棉的国家。

1996 年，美国、澳大利亚、巴西 3 个国家率先商业化种植转基因抗虫棉花；我国于 1997 年开始引入种植美国转基因抗虫棉，1998 年我国抗虫棉 95% 的市场份额已被美国抗虫棉垄断，他们高价销售棉花种子，赚取高额利润。面对严峻的棉花产业发展危机，为扭转不利局面，国家迅速发布了一系列加快国产抗虫棉研发的对策。1999 年，我国培育的转基因抗虫棉通过安全评价，并在河北、河南、山西、山东、安徽等 9 个省区得到推广；2002 年，我国培育的转基因抗虫棉种植面积占到棉花种植面积的 30%；2004 年，全国种植抗虫棉 320 万公顷，国产转基因棉花种植面积占 62%；2008 年，我国转基因抗虫棉种植面积已达 380 万公顷，其中国产抗虫棉已占 93% 以上；截至 2019 年底，我国研究人员一共育成 176 个转基因抗虫棉新品种，累计推广面积达到 3 100 万公顷，减少农药使用 70% 以上，国产抗虫棉品种市场占比达到 99% 以上，彻底打破了美国抗虫棉品种的垄断地位，促使美国公司逐步退出中国的抗虫棉市场而转向印度市场。印度因为没有自主研发的转基因抗虫棉品种，目前印度农

印度棉农种植美国的抗虫棉

民必须高价去购买美国的抗虫棉种子。

转基因棉花已经成为世界上种植面积排名第二的转基因作物，也是目前我国种植最为广泛的转基因作物，主要为转 *Bt* 基因抗虫棉和耐除草剂转基因棉花。由于转基因抗虫棉对棉铃虫的杀虫效果非常显著，大量减少了农药的使用，因此深受棉农的喜爱。

目前，美国种植的转基因棉花已从最初的单一抗虫或耐除草剂性状，转变为拥有抗虫、耐除草剂的复合性状。2019 年，美国批准种植低棉酚转基因棉花，并允许用于人类食品和动物饲料加工。我国目前允许商业化种植的仅有抗虫转基因棉花，但我国科学家已研制出耐除草剂、抗旱、耐盐碱、抗病、改良纤维品质、抗早衰、耐涝等一批具有不同性状的转基因棉花。随着转基因技术的大力发展、转基因作物的环境安全和食用安全评价体系的不断完善，以及人们观念的转变，转基因作物将为全球粮食安全提供重要的保障。

24. 转基因抗虫棉的种类

转基因棉花除了抗虫品种之外，还有许多其他的品种，分别具有不同的功能。

（1）抗除草剂转基因棉花　杂草的发生严重阻碍了棉花生产，直接喷施除草剂虽然能杀死杂草，但同时也会对棉花的生长造成毁灭性的影响。草甘膦是一种非选择性、灭生性除草剂，对防除多年生杂草非常有效。草甘膦通过抑制植物的 EPSP 合成酶，导致植物中的莽草酸含量增加、芳香族氨基酸合成减弱或停止，从而造成植物死亡。

棉花地的杂草

Cp4–epsps 基因、*Bar* 基因和 *pat* 基因是目前主要应用于转基因的抗除草剂基因，科学家把这些可以抵抗除草剂的基因转入棉花中，培育出抗除草剂的转基因棉花。因此，棉农在棉田喷洒除草剂后可杀死杂草，而棉花不会受到影响。

（2）抗旱转基因棉花　新疆是我国棉花的主产区，当地干旱的气候是影响棉花产量的主要因素。在严重干旱情况下，棉花就会出现生长缓慢以及花蕾脱落、棉铃脱落等现象，从而严重影响生产。因此，采用转基因技术培育耐旱棉花具有重要的战略意义。随着抗旱转基因小麦的商业化种植，相信不久的将来，抗旱转基因棉花也会诞生。

干涸的棉花地

（3）抗盐碱转基因棉花　中国农业科学院生物技术研究所郭三堆团队将具有自主知识产权的耐盐碱关键基因 *GhABF2*（专利号：ZL200910158311．X）导入中国棉花主栽品种“苏棉 12 号”，创制出 8 个耐盐碱转基因棉花新品系，并进入中间试验阶段。分别在山东、新疆两地经过连续3年的耐盐碱试验鉴定，获得4个综合农艺性状优良、耐盐碱性能突出的转基因棉花新品系。

（4）抗病转基因棉花　棉花病害是影响棉花生产的另一个主要因素，尤其是黄萎病，会造成棉花大量减产甚至绝收，被形象地称为棉花的“癌症”。寻找抗病基因，并把抗病基因转入到棉花中，培育能抵抗“疾病”的棉花品种也是转基因棉花一个非常有潜力的发展方向。

（5）品种改良型转基因棉花　利用转基因技术将与棉花纤维发育相关基因导入棉花，提高棉花纤维产量和品质，是当前棉花增产和品质改良的主要途径。

比如利用棉花纤维特异启动子驱动吲哚双加氧酶基因（*bec*）在棉花中表达，使转基因棉花纤维获得特殊的颜色；将棉花苯丙烷类化合物木质素合成基因 *GhLIN2* 导入棉花，增加转基因棉花纤维内木质素含量，提高棉花纤维长度、细度和强度，用棉花尿甘二磷酸葡萄糖焦磷酸化酶基因 *GhUGP1* 提高转基因棉花材料纤维长度和韧性。

生病的棉花

25. 转基因抗虫棉科学家

提到中国的转基因抗虫棉，就不能不提到郭三堆先生。1950 年 7 月，郭老出生在山西省泽州县巴公镇渠头村，在家排行第三，取名“郭三堆”。

1975 年，从北京大学生物系毕业后，郭老进入中国科学研究院微生物研究所工作。那时，基因工程的研究工作还刚刚起步，并多用于医学领域。

1983 年，著名分子生物学家范云六先生创建了中国农业科学院生物技术研究中心（中国农业科学院生物技术研究所前身），30 岁出头的郭三堆被调入该院，做起了与

范云六　院士

农业相关的分子生物学研究。

1986 年，郭三堆赴法国著名的巴斯德研究所留学，从事杀虫基因结构与功能研究。这段日子让年轻的郭三堆受益匪浅。巴斯德研究所，这所有 100 多年历史的科研殿堂不仅让他提高了研究水平，更被法国同行严谨的科研态度所感染。他如饥似渴地汲取着科学的营养，渴望回国继续自己的事业。在留学的两年里，郭三堆埋头做研究，天天待在实验室，非常珍惜这来之不易的学习机会，以至于连当地的著名景点都没去过。功夫不负有心人，留学期间，郭三堆就在“杀虫基因的结构与功能研究”中取得重要进展。就在此时，我国启动了“863 计划”，急需组建

巴斯德研究所

专业人才队伍。1988 年，他拒绝了法国同行的盛情挽留，用自己在法工作的最后一个月薪水买了国内紧缺的实验用品，然后踏上了回国的旅程。

郭三堆说："我是个科研工作者，虽然科技是没有国界的，但哪个国家先研究出一种先进技术和高科技成果，肯定首先对自己国家是最有利和受益的。我是从农村出来的，深知农民的辛苦和负担，祖国需要我，我应该回来。"

美国孟山都公司于 1991 年研制出 Bt 抗虫棉，我国相关部门与对方经过几轮谈判，但最终因为美方提出的条件苛刻而未能引进。面对国家的忧虑、棉农的渴望、国外种业的步步紧逼，国家启动抗虫棉研究项目，郭三堆被选为项目负责人。一场横跨南北地域、贯通科研全链条的抗虫棉攻关"大会战"由此打响。转基因抗虫棉项目在 1991 年被列入国家"863"计划重大攻关项目。经过一年零八个月的埋头攻关，研究小组合成了有效的杀虫蛋白基因；又经过近一年的研究，研制出了具有国际先进水平的载体。1992 年，他们根据植物偏爱密码子设计和改造了 *Cry1A* 杀虫晶体蛋白基因，添加了一系列增强基因转录、翻译和表达的调控元件，从而使 *Bt* 抗虫基因的表达量大幅度提高，全合成基因比原基因的表达量提

中国的转基因抗虫棉

高了约 100 倍，并成功将其导入棉花，获得了转基因抗虫棉新种质。在此基础上，与育种单位合作，成功选育出“GK12”“GK19”和“晋棉 26”等转基因抗虫棉品种。1993 年底，转基因植株培育成功；1994 年，进入田间试验，并通过了中国农业科学院植保所的鉴定。

为了延缓棉铃虫对单价抗虫棉产生耐性、提高抗虫棉的杀虫效率，郭三堆团队利用 GFM *Cry1A* 杀虫基因和豇豆胰蛋白酶抑制剂基因 *CpTI*，构建了可同时表达两种杀虫蛋白的双价杀虫基因植物表达载体。由于这两种蛋白质杀虫机理完全不同，具有互补性和协同增效性，因此，可减缓棉铃虫产生抗性的速度。1995 年，他们还将不同杀虫机理的 GFM *CrylA* 和 *CpTI* 抗虫基因同时导入棉花，并于 1996 年创制了双价转基因棉花新种质，成功选育出“sGK321”和“中棉所 41”等转基因抗虫棉新品种。田间抗虫性试验结果表明，2 ~ 4 代棉铃虫平均双价抗虫棉百株幼虫数量分别比常规棉田减少 81.4%、87.1% 和 87.0%，分别比单价抗虫棉田减少 11.1%、33.3% 和 57.1%。1998 年冬季，国家品种审定委员会棉花专业组在海南三亚开会审定了 4 个抗虫棉品种，这是我国最早的一批国审抗虫棉品种。

转基因抗虫棉技术成功了，大家为之振奋。但是郭三堆并没有满足，为了站稳转基因抗虫棉的领先位置，郭三堆又带领团队开始了双价转基因抗虫棉的研究。郭三堆说：“我们的双价抗虫棉是将两种合成生物基因导入棉花中，棉花中便有了杀虫蛋白，如同放入了两颗定时炸弹，棉铃虫、红铃虫咬了棉花，就会来一个消化不良，又是胃溃疡又是胃穿孔，没得活了。”

棉铃虫

红铃虫

双价抗虫棉的诞生是一项世界领先的成果。事实证明，我国完全有能力完成基因工程高技术的研究，打破美国的垄断，使中国抗虫棉研究在国际上占有一席之地。郭三堆还首次建立了高产量、高纯度、高效率、大规模、低成本、能够直接应用的“转基因三系杂交抗虫棉分子育种技术体系”，整体技术居国际领先水平，是棉花育种上的又一个重大突破，也是今后棉花杂交育种发展的主要方向。

虽然被称为“中国抗虫棉之父”，郭三堆却非常谦虚，他把成绩归为“协同作战”的成果：“全国上下齐心协力，上、中、下游紧密协作，互为人梯攀高峰。”郭三堆介绍，转基因抗虫棉的成功是 4 个梯队合作的结果：他的团队作为第一梯队负责抗虫基因的分离与合成，第二梯队负责将抗虫基因导入棉花，第三梯队用抗虫种质材料与各地生产品种杂交培育出适合不同棉区种植的新品种，第四梯队对新品种进行产业化推广。

郭三堆最大的理想就是培育出更好的棉花品种，古稀之年的他依然忙忙碌碌，要么在棉田里查看，要么坐在实验室里研究。他至今仍在孜孜不倦地破译着棉花的基因密码。

转基因抗虫棉科学家——郭三堆

参考文献

［1］李常凤，郑曙峰. 转基因棉花研究与应用进展［J］. 安徽农学通报，2015，21（Z1）：17–21.

［2］刘冬青. 棉花转基因研究进展［J］. 江西农业学报，2003（02）：39–42.

［3］陆英，蒲金基，喻群芳，等. 转基因抗病棉花基因类型及原理研究进展［J］. 农产品加工，2016（22）：54–55.

［4］王志霞. 转基因棉花研究进展［J］. 江苏农业学报，2003（02）：74.

［5］涂松林，施爱民. 我国转基因棉花研究与应用进展［J］. 江西棉花，2001（01）：9–13.

［6］赵丹，吴琼，沈丹，等. 我国转基因棉花研究与展望［J］. 辽宁农业科学，2013（01）：41–44.

［7］杜立新，曹伟平，郭庆港，等. 我国转基因棉花应用进展及安全管理策略［J］. 现代农村科技，2016（18）：4–5.